PROJETS

D'ARCHITECTURE,

POUR

LES EMBELLISSEMENTS

DE PARIS.

Par M.-A. CARÊME.

A PARIS,

Chez

L'AUTEUR, rue St-Honoré, n° 404.

FIRMIN DIDOT, rue Jacob, n° 24.

BOSSANGE père, rue de Richelieu, n° 60.

DE L'IMPRIMERIE DE FIRMIN DIDOT,
RUE JACOB, N° 24.

1826.

PROJETS D'ARCHITECTURE

LES EMBELLISSEMENTS DE PARIS.

Grande Fontaine de Henri Dieu-Donné.
Grande Fontaine d'Angoulême, 1823.
Grande Colonne consacrée aux fastes de la Monarchie française.
Grand Phare de Louis XVIII ; Calais.
Grand Phare de Charles X, Bordeaux.

PREMIER PROJET.

Grande Fontaine de Henri Dieu-Donné.

L$_E$ soubassement du monument est décoré de griffons formant fontaine jaillissante. On y distingue, dans des guirlandes de laurier, les noms des grands hommes qui ont illustré la France littéraire.

Quatre trophées s'élèvent aux quatre façades du monument ; je les consacre à l'Art militaire, aux Beaux-Arts, à l'Agriculture et au Commerce.

Le premier trophée se compose des attributs de l'Art de la guerre ; on y distingue le Génie de la Victoire, la Paix, et le Génie de la Clémence.

Le second trophée est consacré aux Beaux-Arts. Le Génie de l'Étude, Apollon et le Génie de l'Invention le décorent.

Le troisième trophée serait consacré à l'Agriculture et aux vendanges. Les dieux Pan, Cérès et Bacchus en seraient les plus beaux ornements.

Le quatrième trophée est composé des attributs de la Navigation et du Commerce. On y distingue le Génie de l'Industrie, Mercure et le Génie de la Navigation.

Les inscriptions des socles, de chaque trophée, rappelleraient les noms des grands hommes qui se sont illustrés dans chaque genre de gloire, dont les trophées retracent les souvenirs.

Ces quatre trophées sont couronnés par la statue de Minerve, s'appuyant sur le sceptre royal de la France. La déesse de la Sagesse préside à l'éducation du jeune enfant sur lequel reposent nos destinées futures. Le Génie de l'Histoire lui présente les fastes de la monarchie, afin de servir de leçon à notre nouveau Henri Dieu-Donné.

Élévation, 75 pieds sur 45 de diamètre.

Observation. Ce monument pourrait bien être érigé sur la place de la rue de Rivoli. Là, tout près du palais des Tuileries, on devrait faire plus encore en achevant les beaux bâtiments de cette place, en les destinant à former une immense caserne pour recevoir la Garde royale. Déja une partie de ce terrain se trouve occupée par cette même Garde à cheval. Le palais de nos souverains doit s'entourer de cet appareil militaire qui honora toujours la France et nos Rois.

DEUXIÈME PROJET.

Grande Fontaine d'Angoulême, 1823.

La campagne d'Espagne m'a inspiré ce monument, pour rappeler à la postérité, l'Espagne pacifiée en quelques mois, par la vaillance et la sagesse du héros de la France.

Le pied de l'édifice est ceint de couronnes de laurier, dans lesquelles seraient inscrites les actions mémorables de la campagne de 1823. Le second bassin est décoré de poupes de navires, pour caractériser les armes de la ville de Paris. Les Génies des Beaux-Arts s'élèvent au-dessus ; leur réunion m'a semblé l'emblème d'une paix glorieuse et durable.

Aux quatre façades d'un obélisque, s'élèvent, des trophées composés de nos armes libératrices de Sa Majesté Ferdinand VII ; quatre figures allégoriques y sont ajustées : elles représentent la Valeur, la Victoire, la Paix et la Clémence. Ces statues sont portées sur des poupes de vaisseaux, pour exprimer les importants services que la marine royale a rendus à l'armée, en coopérant au succès de la campagne.

Au-dessus des trophées, on distingue des couronnes de laurier et des inscriptions ; elles seraient consacrées à la gloire du héros de la France. Des Victoires couronnent nos trophées; la statue de la France s'élève au-dessus de la boule du monde.

Élévation, 95 pieds sur 60 de diamètre.

Le grand carré des Champs-Élysées m'a semblé bien convenable pour l'érection de ce monument national, ou bien au milieu de la belle route de Charles X.

TROISIÈME PROJET.

Grande Colonne consacrée aux fastes de la Monarchie française.

Observations. Ce monument, consacré aux plus grandes époques de la monarchie, pourrait bien être érigé sur l'emplacement occupé par la statue du bon Henri IV. Cet emplacement ayant reçu des fondations pour l'érection d'un colossal édifice, il me semble que notre Roi adoré ne serait pas déplacé en se trouvant réuni à Clovis, à Charlemagne, à saint Louis, à François I*, à Louis XIV, à Louis XVIII et à Charles X.

Ainsi, dans ce projet, j'ai placé, aux quatre angles du monument, François I*, le restaurateur des lettres; ensuite, vient la statue du bon Henri, le père du peuple; puis, Louis-le-Grand : c'est nommer le beau siècle de Louis XIV; et Sa Majesté Charles X, le père du peuple, des Beaux-Arts et de l'armée.

Du milieu de ces quatre statues équestres s'élève le temple de l'Immortalité; entre les colonnes seraient placées les statues pédestres de Clovis, fondateur de la monarchie française et chrétienne; de Charlemagne, fondateur de la législation; de saint Louis; et de notre immortel Louis XVIII, le restaurateur de la monarchie au 19ᵐᵉ siècle. Entre chacune de ces statues, on en distingue quatre autres représentant la Religion, la Justice, l'Agriculture et le Commerce.

Au pied du temple, on distingue des trophées composés de nos armes victorieuses, sous Clovis, Charlemagne, saint Louis et Louis-le-Désiré. Des figures allégoriques sont ajustées dans ces trophées; elles représentent l'Art militaire, la Force, la Valeur, la Victoire, la Paix, la Clémence, la Renommée et la Muse de l'Histoire.

Le soubassement de ces trophées est décoré d'écussons, sur lesquels on distingue les armoiries des villes-chefs-lieux des départements du Royaume de France. A droite et à gauche des quatre statues équestres seraient huit grands bas-reliefs, ayant 27 pieds de largeur sur 7 1/2 de hauteur; ils représenteraient les cérémonies des sacres et couronnements des Rois dont les huit statues décorent ce monument. Les colonnes du temple de l'Immortalité sont couronnées des Génies des Beaux-Arts. Du milieu de ce temple s'élève une colonne de 22 pieds de diamètre; son fût est orné de couronnes de laurier dans lesquelles seraient inscrits les noms et les victoires et conquêtes de nos grands capitaines anciens et modernes.

Le couronnement de ce grand édifice se compose de Renommées; pour répandre dans tout l'univers les hauts faits de la nation française. La statue de l'Immortalité s'élève au-dessus du monument.

Élévation, 210 pieds sur 100 de diamètre.

QUATRIÈME PROJET.

Grand Phare de Louis XVIII, à ériger à Calais.

Le pied du monument est décoré à ses angles des quatre parties du monde: j'ai désiré exprimer, par la réunion de ces statues, que notre Roi-législateur, en rentrant dans sa belle patrie, nous avait réconciliés avec les deux mondes.

Un temple carré s'élève du milieu de ces statues colossales; un second temple rond couronne le premier. Entre chaque colonne seraient placées les statues qui précèdent. La Paix, l'Agriculture, la Liberté des mers, la Navigation, l'Industrie, le Commerce, l'Abondance et la Muse de l'histoire, léguant à la postérité l'heureux avénement du retour en France de Louis-le-Désiré.

Pour couronner ce grand monument, j'ai groupé les quatre vents cardinaux: le Nord, l'Est, le Sud et l'Ouest sont donc représentés par quatre figures ailées;

elles supportent la boule du monde servant de phare, ayant un vaste foyer de lumière pour répandre au loin sur la mer agitée, l'éclair de l'espérance et du bonheur, aux pauvres matelots battus par la tempête.

Élévation, 150 pieds sur 90 de diamètre.

OBSERVATION. Chaque fois que j'ai fait le voyage d'Angleterre par Calais, chaque fois j'ai réfléchi sur le monument érigé sur la pointe de la jetée, pour léguer à la postérité l'époque mémorable de la rentrée, en France, de Louis-le-Désiré, le législateur et le restaurateur de la monarchie française, au 19ᵐᵉ siècle ; et je me suis dit : « Ce n'est pas là l'édifice qu'on devait élever pour éterniser un si grand souvenir ! Le retour de l'auguste famille des Bourbons sur la terre sacrée de la patrie, devait inspirer des pensées aussi grandes que cet événement. Je regrette encore qu'on n'ait point élevé un grand Phare à Calais, et un autre à Bordeaux. Ce genre de monument, me semble, le plus beau qui puisse décorer un port de mer, et, par sa double destination, devait honorer la France et son Roi légitime ! » Voilà les réflexions qui m'ont porté à projeter le Phare de Louis XVIII, et le Phare de Charles X ; et j'ai considéré ces monuments comme monuments nationaux, devant attirer les regards de l'étranger par leur élévation et l'ensemble de leurs détails. Étant sur le bord de la mer et à l'extrémité du royaume, il en devient, par la même raison, la plus belle entrée ; et par son architecture mâle et imposante, il atteste la civilisation d'un grand peuple : et sous le rapport de l'utilité, un Phare serait un monument érigé au bonheur des hommes et à l'humanité.

Ah ! il faut avoir fait de grands voyages sur mer pour apprécier le bonheur infini que le voyageur éprouve, lorsqu'il aperçoit, dans une nuit orageuse, un foyer de lumière. Ce Phare est un monument de sa patrie : ah ! malgré que son corps soit mutilé par les terribles secousses du vaisseau battu, déchiré par l'affreuse tempête, la douce espérance rentre dans son sein, toutes ses affections renaissent dans son cœur abattu : déja, il croit toucher la terre sacrée de la patrie. O bonheur inouï ! Son courage se ranime pour braver encore les dangers sans cesse renaissants par les vents furieux qui entr'ouvrent les abîmes de la mer mugissante, referment ses abîmes pour les rouvrir encore. Ah ! que ne puis-je décrire toutes les angoisses que j'ai éprouvées à mon retour de Russie en France ! Sur 39 jours de navigation, nous éprouvâmes 25 jours de tempête ; nous fîmes plus de quatre mille lieues à louvoyer sur cette pitoyable mer Baltique et sur cette mer d'Allemagne, si dangereuse dans l'équinoxe d'automne !

CINQUIÈME PROJET.

*Grand Phare de S. M. Charles X, projeté pour le port de Bordeaux,
ou pour le port de Paris, si jamais Paris devient port de mer.*

Le pied du monument est décoré de huit grands bas-reliefs de 7 pieds de hauteur sur 24 de largeur.

Le premier représente le retour de Madame à Bordeaux; le second, le Sacre et la cérémonie du couronnement de S. M. Charles X. Les six autres bas-reliefs seraient consacrés à rappeler les grandes époques de la vie de Madame la Dauphine.

Au-dessus de ces grands bas-reliefs et aux quatre angles du monument, s'élèvent des Renommées groupées sur la statue du Temps; elles répandent dans les deux mondes le règne auguste de LL. MM. Louis XVIII et Charles X.

Au milieu de ces groupes de figures allégoriques, s'élève un temple rond de l'ordre égyptien; un second temple s'élève au-dessus; on y distingue quatre figures; elles représentent la Liberté des mers, la Navigation, le Commerce et l'Abondance. Pour couronner ce grand monument, j'ai réuni quatre grandes têtes ailées représentant les Vents supportant la boule du monde, laquelle servirait de phare pour éclairer les vaisseaux en mer.

Élévation, 145 pieds sur 80 de diamètre.

REMARQUE

*Sur l'architecture colossale d'un Éléphant triomphal projeté pour
être érigé à la gloire de Louis XIV, en 1758.*

Tout récemment, j'ai trouvé sur les quais un petit recueil contenant 4 pages de texte et 7 planches gravées, représentant les plans, élévation, coupes et les jardins d'un éléphant d'une grandeur extraordinaire; je vais donc pour la curiosité du lecteur en donner quelques détails, et surtout rapporter textuellement le contenu de la préface du graveur-éditeur.

Cet Éléphant triomphal fut projeté (en 1758) à la gloire de Louis XIV, par le sieur

Ribart, ingénieur et membre de l'Académie des Sciences et Belles-Lettres de Mézières; ce grand monument, devait avoir 270 pieds d'élévation, sans y comprendre son soubassement, forme une terrasse entourée d'une galerie de l'ordre dorique. C'est le même ordre que nous représente la Cabane primitive, selon Vitruve.

L'auteur en proposa l'érection à la barrière de l'Étoile, en réunissant les Champs-Élysées aux Tuileries, par un vaste canal, des cascades, des parterres, des jardins et des pavillons. Entre les pieds de l'éléphant devait se trouver une tour carrée, décorée d'arbres et d'arbrisseaux; un magnifique escalier à colonnades devait monter jusqu'au cinquième étage, en traversant toute l'élévation du colosse.

Le premier étage devait se diviser en plusieurs appartements, destinés au repos; puis en une salle de bain et une chambre et étuve; puis les cuisines et offices.

Le deuxième étage devait se distribuer en une salle à manger (dite la Forêt enchantée) représentant le centre d'une forêt, ayant pour colonnes des arbres de plein relief. En face de la porte devait se trouver un grand buffet, en forme de roche, du fond de laquelle devait sortir un grand ruisseau tortueux en formant des chutes d'eau imposantes; du parquet et des murs de cette salle merveilleuse devaient sortir, comme par enchantement, une table, des chaises, des fauteuils et des buffets devant servir de domestiques et devant donner autant de services que l'on aurait pu le désirer, ce qui devait s'indiquer par des notes et des touches. A ce deuxième étage devaient encore se trouver la salle du trône ou d'assemblée, destinée aux fêtes de la cour; ensuite un vaste salon de jeu, un cabinet parabolique, et un cabinet pour les machines, destinées au service de la salle à manger.

Voici la préface du graveur de ce colossal Éléphant.

« Entre les efforts de génie que nos premiers artistes ont faits à l'envi pour
» placer dignement la figure de notre auguste Monarque, il n'a peut-être été
« proposé aucun projet aussi extraordinaire que celui que je donne au public.
« Ces sortes de pensées qui semblent sortir de la sphère des idées communes,
« ne sont pas sans exemple dans l'antiquité; et peut-être, pour se familiariser
« avec celle dont il est ici question, etc., etc., etc., pour mettre le lecteur
« dans le point de vue convenable pour l'apprécier, ne sera-t-il point inutile de
« lui en rappeler quelques-unes.

« L'architecte Dinocarte vint un jour trouver Alexandre-le-Grand au milieu de
« ses conquêtes. Je viens vous apporter, dit-il, grand prince, des pensées dignes
« de vous : je prétends tailler le mont Athos, et lui donner une figure qui vous
« ressemble, et qui, portant sa tête dans les nues, tienne dans une de ses mains
« une coupe qui reçoive les eaux de tous les fleuves qui découlent de cette mon-
« tagne pour les verser dans la mer; et dans l'autre, une ville assez grande pour
« dix mille habitants. Ce projet, dont Alexandre, qui le savait d'ailleurs possible,
« ne fut détourné que par la seule considération de la peine que la ville aurait

« eue à subsister, a été réellement exécuté dans la Chine, dans la province de
« Suchuen, près de la capitale Chunking, au bord de la rivière Fu. Le Père
« Martin assure, dans ses voyages, que la grandeur de la figure est telle, qu'il
« a pu distinguer de deux lieues la bouche, les yeux, le nez et les oreilles.

« Une autre pensée qui n'est pas moins merveilleuse est le fameux colosse
« qui fut élevé à l'entrée du port de Rhodes, pour y servir de phare. C'était
« une figure de bronze, dédiée au Soleil, et si colossale, que ses deux jambes,
« posées aux deux côtés du port, laissaient entre elles aux vaisseaux un passage
« assez grand et assez haut pour y entrer à pleines voiles. La grosseur de son
« pouce était telle, que peu de personnes le pouvaient embrasser. On parvenait
« à allumer le fanal que tenait dans sa main droite cette figure démesurée, par
« des escaliers construits en pierre et pratiqués dans ses jambes, lesquels esca-
« liers, selon Pline, servaient de contre-poids à la figure.

« Sans faire aucune comparaison entre ces deux pensées et celle de notre au-
« teur, on laisse aux personnes que le goût éclaire à juger du mérite de sa
« composition. Quant à sa construction, ceux qui n'envisagent que les routines
« communes auront peut-être de la peine à convenir de sa possibilité; mais l'auteur
« espère, dans un petit ouvrage qui n'est pas moins singulier que celui-ci, et qui
« le suivra de près, convaincre qu'en n'épargnant point la dépense, et qu'en al-
« liant avec intelligence la pierre, la brique, le bronze, et le fer, il est très-
« possible de parvenir à une entière exécution. La pensée de Dinocrate, le co-
« losse de Rhodes, ces temples monolithes des Égyptiens, dont parle l'histoire (1);
« enfin, de nos jours, le canal du Languedoc, cette entreprise plus qu'humaine,
« étaient d'une tout autre difficulté que ce projet-ci, et leur exécution fait voir
« que ce n'est qu'en s'affranchissant des règles vulgaires qu'on atteint au grand,
« au sublime, et jamais par l'imitation. »

(1) Et dont l'expédition de l'armée française en Égypte nous a rapporté des monuments éternels de l'auguste vérité dont nous parlait l'histoire, du temps de Louis XIV.

Grande Fontaine de Saint-Jean d'Acre

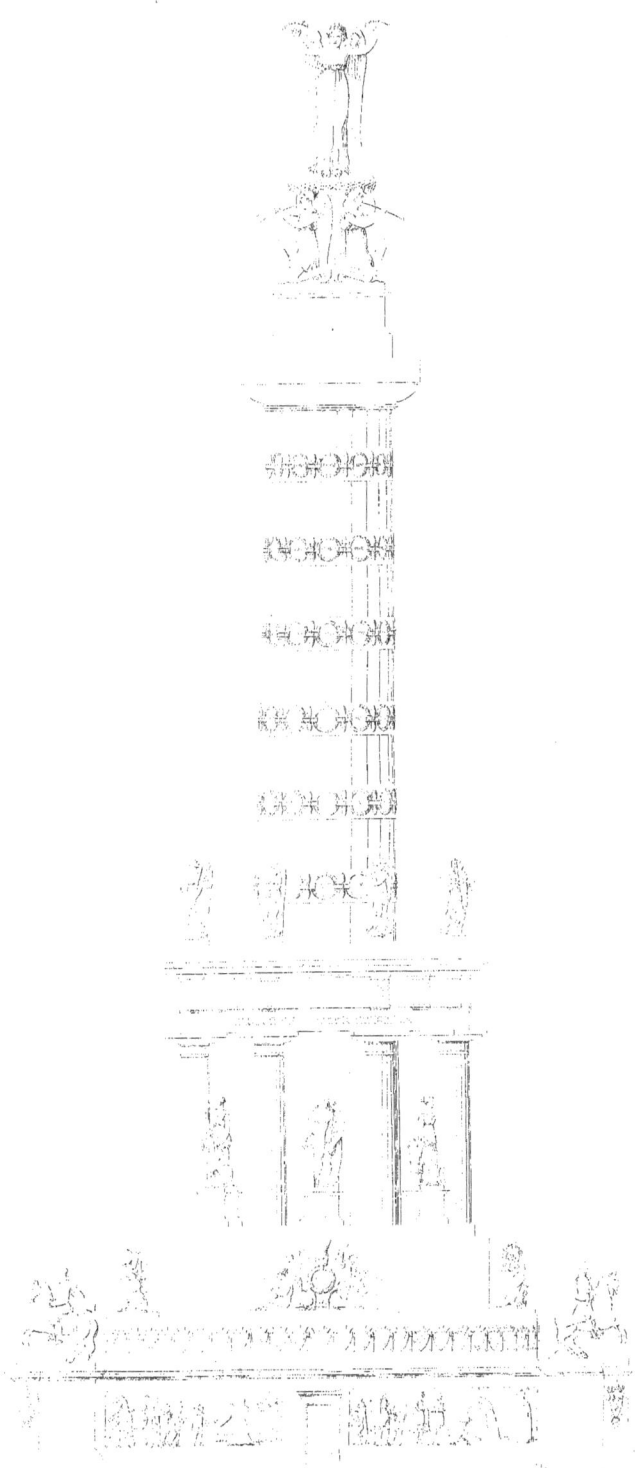

Grand Phare de Louis XVIII.
4.e Projet

Pl. 15.

1.er Projet

2.e Projet

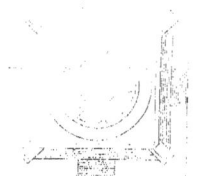

3.e Projet

4.e Projet

5.e Projet